簡單吃飯
RICE

用心烹煮，飽食暖心，享受一碗飯的幸福！

炒飯、燴飯、炊飯、焗烤飯……
道道都能滿足全家人的脾胃！

料理名師 林美慧 ◎著

朱雀文化

簡單吃飯，感受幸福

　　米飯是中國自古以來的主食，時至今日，即使世界各國的主食已引進國內，米飯依舊是大部分國人的餐食首選。對我來說，米飯不僅能吃飽，它更承載著我與家人之間的情感。尤其當忙碌工作的一天結束，飢腸轆轆時，不論是加入配料與辛香料快炒的炒飯，還是在米中加入各種新鮮食材一起入鍋的炊飯，又或是口感濕潤的燴飯、燉飯等，都令我無法抗拒，輕易能滿足我的胃和心靈。

　　喜愛飯料理的我在多年前，曾經出版過《懶人飯》，希望能讓大家在繁忙中，簡單快速地做出各類好吃的飯食，可惜此書在幾年前已經絕版買不到了。然而好書不寂寞，朱雀文化決定將此書重新編排出版。在新版的《簡單吃飯》中，我將這些飯料理重新分成三個單元：「Part1簡單好做」、「Part2人氣特選」、「Part3異國風味」，讓喜歡吃飯的讀者們依喜好選擇製作。另外，也在食譜前為料理新手設計了「Before烹調飯料理之前」的基礎單元，希望新手們在烹調前先閱讀一下，有利於選購和保存生米。

　　《簡單吃飯》中分享的這些飯料理，都是食材容易取得且簡單好做，一看就會，讓愛吃飯的你不用費時準備三菜一湯來配飯，輕鬆下廚就能享受米飯香Q的最佳口感。

林美慧　2021.07

Contents目錄

Before
烹調飯料理之前

Part1
簡單好做

製作食譜之前：

1. 本書食譜的份量以方便製作為主，多為1人份。但若材料標示白米3杯，則為3～4人份；米2杯則為2～3人份。

2. 書中使用的「杯」是1杯220c.c.（ml）的量杯；使用的「碗」是一般中式飯碗。

3. 材料中的高湯，可使用市售高湯塊製作。

Part2
人氣特選

Part3
異國風味

Before
烹調飯料理之前

想要烹調出本書美味的飯料理，第一步就是要先挑選米。以下介紹多種市面上能買到的米的特色，以及購買和保存的方法。此外，同時分享多種調味料，只要適量添加，一定能讓飯料理更可口，並且提升風味。

五花八門的米

米的品種繁多,目前市面上的白米以蓬萊米、長秈稻米為主。
蓬萊米質地較軟,長秈稻米口感較硬,
如印度米、泰國香米、美國香米等。
想要知道關於米的二三事,還真是一大學問,
現在就一起進入米的世界吧!

蓬萊米

蓬萊米其實是日本人引進台灣的粳米品種,為了和日本當地種植的米有所區別,因此取名「蓬萊米」,意指來自蓬萊仙島的米。這種米粗而短,適合用來煮飯、熬粥或做壽司。

五穀米

五穀米是由紫米、糙米、燕麥、薏仁、黃豆組成,其纖維質豐富,是白米的12倍,且有促進血液循環、強化血管彈性的功效,對健康十分有益。

長糯米

長糯米呈白色不透明的長形狀,澱粉含量只有約5%。長糯米口感較乾爽,適合用來做粽子、飯糰,比較不適合熬煮粥。

圓糯米

圓糯米外觀圓短、白色不透明,煮熟後的米粒富有黏性,口感較軟。圓糯米的產量不高,因此市面上價格較貴,一般多用來煮八寶粥或是做成米糕、年糕等。

糙米

保留了米糠層和胚芽層，吃起來口感雖然較差，但它擁有最完整的營養價值。它的維他命B$_1$含量，達白米的4～5倍，纖維質含量是白米的3倍。可將糙米和白米混合煮，是不錯的健康吃法。

胚芽米

稻穀去除稻殼和米糠層，保留了胚芽，即成胚芽米。它的營養價值比白米高，特性介於糙米和白米之間，若是吃不慣糙米，胚芽米是可替換的選擇。

長秈稻米

長秈稻米外型扁長、透明，黏性低，飯粒較鬆散，適合用來炒飯或做成米粉、碗粿、蘿蔔糕等。

紫米

紫米就是黑糯米。它富含蛋白質、核黃素、葉酸、鐵、鋅、鈣等多種營養素，具有健脾暖肝、明目活血的功效，可養生、補血，是米中的極品。此外，紫米黏性強，適合用來煮粥或是做成甜點。

如何挑選和保存米

超市和米行中滿滿的米，該如何挑選質佳、新鮮的米呢？
此外，台灣天氣較溫暖潮濕，該如何有效保存米，
避免米敗壞呢？以下分享一些小方法。

選購好米的2個要點

1 選擇米粒圓實飽滿、顆粒完整均勻、米粒呈透明色澤且具有光澤的。若米呈現異樣顏色（如黃、褐色），或米粒有斑痕及斷裂，表示米的品質不佳。

2 選擇包裝標示清楚，完整列出生產日期、米粒品種、製造廠商等標示的，品質才有保障。另外，品種的選擇可視個人的需求，想要吃得健康、營養，胚芽米、糙米最適合；若是講求口感的老饕們，可食用白米飯。

保存米的2個重點

1 **存放處**：需存放在家中乾燥無濕氣、通風好的地方，若短期內未能食用完，最好存放於冰箱，較能確保白米的新鮮度和香Q口感。

2 **保存期**：可依包裝方式判斷。真空包裝的白米若置放於5～15℃的環境中，約可保存8個月；若在室溫下，約為5個月。一般包裝的白米保存期為1～2個月。

判斷新舊米的3個要訣

1 **觀**：從外觀來看，舊米米粒較黃、透明度不佳，而且光澤也會減退。

2 **聞**：舊米有時會發出異味，購買時，可做為判斷的依據。

3 **嘗**：米粒儲存一段時間後，煮出的米飯，硬度會增加，藉由口感也可判斷出米的新舊。

煮出好吃的米飯

煮飯有5個重要過程：
淘米→浸米→加熱→燜煮→趁熱挑鬆米飯。
要煮出一鍋香Q好吃的飯，每一個過程都有訣竅，
絕對馬虎不得！

淘米

淘米時動作一定要輕要快！洗米主要是去除米粒中的雜質和異味，但米粒若沖洗過久，所含的營養素會流失，而且部分異味可能隨著水分滲入米粒中，煮好的飯會缺少一股清香味，因此淘米最好不要超過2次。

浸米

洗好米後，要先稍微浸泡一下，才不會在加熱時，造成水分不易滲入米粒中，使得煮好的飯變得不易熟透，內乾而外濕軟，浸水能讓飯粒更加甘甜且富黏彈性。煮飯前將米先浸泡於50℃的水中，大約30分鐘即可。

加熱

利用電子鍋或電鍋煮飯最適合，煮飯時間約20～25分鐘，鍋中水與米的比例為1：1.2。若使用電鍋烹煮，要記得在外鍋倒入1杯水，利用加熱讓溫度上升，米中的澱粉就會漸漸熟化。

燜煮

蒸煮完成後，千萬別急著將飯鍋拿出來，應利用鍋內餘溫，讓米飯稍微燜10分鐘，使蒸氣完全滲透米心。

趁熱挑鬆米飯

燜透米粒，再趁熱以飯杓輕輕挑鬆米飯，飯粒就會更有彈性、更好吃。

讓飯料理更好吃的小幫手

對忙碌的人和料理新手來說，快速方便是烹調的第一要件，這裡教你利用簡單的調味料來變化美味且多樣的飯料理，絕對讓你做菜事半功倍。

鰹魚粉

是將新鮮鰹魚煙燻後，磨成粉末製成。這是非常方便的調味料，炊飯、炒飯時都可加入少許鰹魚粉，能為料理提味。

雞粉

是由嫩雞精製成，市面上有售不含人工添加物的雞粉，加入料理中調味時，可減少鹽的分量，對健康更有益。

柴魚片

是將乾燥的柴魚刨成薄片而成，不僅煮湯時可加入調味，炊飯時，也可撒入柴魚片，讓米飯充分吸收它的香氣與鮮甜，使料理更加美味。

泰國酸辣醬

又稱「冬炎醬」，是由辣椒、香茅、南薑、檸檬草等製成。口味上偏酸、偏辣，因此烹調時不須另外調味。

XO醬

是由干貝、火腿、蝦米等製成，是香港人最愛使用的調味料之一。XO醬除了可用來炒菜，還可以做成炒飯，香氣十足。

七味粉

是一種常見的日式調味料，主要由紅辣椒粉、黑胡椒、黑白芝麻、紫菜碎、乾柑皮與罌粟仔等七味製成。口味上稍微辛辣，嗜吃辣的人可直接將七味粉添加在飯或麵上，十分夠味。

蕃茄醬

是使用新鮮蕃茄添加糖、鹽等調味料製成。炒飯時加入蕃茄醬拌炒，在色彩和口味上都能加分，也可加入蒜泥、洋蔥等做成蕃茄醬汁，淋在飯麵上直接食用，風味亦佳。

日式醬油

多半添入了鰹魚、柴魚，味道鮮甜，清淡爽口，種類上分為薄口醬油、濃口醬油，現在在一般超市都可以買到。

泡菜

含有豐富的乳酸菌，且非常開胃。台式泡菜口味上偏酸酸甜甜，韓式泡菜較為辛辣，用來配飯或做成韓式拌飯都很不錯。

咖哩粉

以多種香料調配而成的咖哩粉，擁有獨特的香氣，還能增添色澤。利用咖哩粉製作出的咖哩飯，是老少咸宜的一道開胃主食。

Part1
簡單好做

專為料理新手、忙碌的上班族設計，只要常見的食材，以及不複雜的烹調步驟，就能完成一盤盤好做又可口的飯料理。炒飯、炊飯、燴飯通通有，簡單烹調也能吃得好、吃得飽。

泡菜炒飯

依喜好選用韓式、台式泡菜，
隨時享用客製化的泡菜炒飯。

Part1
簡單好做

材料
白飯1 1/2碗、絞肉2大匙、韓國泡菜3大
匙、蔥花1大匙

調味料
雞粉1/2小匙

做法

1 泡菜切成細末備用。

2 鍋燒熱，倒入2大匙油，接著放入絞肉
炒熟。

3 加入白飯、泡菜末拌炒均勻，續入雞
粉調味。

4 起鍋前，撒入蔥花即成。

tips
平時可以先醃一些台式或韓式泡菜存放於
冰箱中，直接食用不僅可開胃、提升食
慾，還可以用來炒飯、入菜或煮湯品，是
懶人烹調料理的絕佳選擇。

翡翠炒飯

新鮮蔬菜與大蒜的完美結合，
健康營養，快速補充元氣。

Part1
簡單好做

材料
白飯1 1/2碗、大蒜3
粒、菠菜75克

調味料
鹽1小匙、雞粉1小
匙

做法

1 大蒜拍碎，去除外膜，剁成細末。

2 菠菜葉洗淨，瀝乾水分，切成細末。

3 鍋燒熱，倒入3大匙油，先放入蒜末，以小火炒香蒜末且顏色變微黃。

4 加入白飯炒散，續入菠菜末、調味料拌炒均勻即成。

✐tips
也可以不加入白飯，單純烹調可口的「大蒜炒菠菜」。
做法很簡單，將蒜末放入油鍋中爆香，先加入菠菜梗炒一下，倒入些許水，續入菠菜葉，以大火快炒至菠菜變色即可起鍋。

鳳梨炒飯

五目炊飯

難易度 ★☆☆

鳳梨炒飯

酸甜香的鳳梨搭配蝦仁、雞蛋，
完成一盤爽口不膩的可口炒飯。

Part1
簡單好做

材料
白飯11/2碗、鳳梨
1/6片、蝦仁75克、
蛋1顆、蔥花2大匙

調味料
鹽1/2小匙、雞粉1/2
小匙

做法

1 鳳梨切小丁；蝦仁背部劃一刀紋，抽去腸泥，洗淨瀝
乾水分；蛋打散。

2 鍋燒熱，倒入4大匙油，先放入蝦仁快炒至顏色轉紅，
取出。

3 立刻將蛋液倒入鍋中以餘油快炒，等蛋液凝固時，
加入白飯、調味料、鳳梨丁拌炒均勻。

4 起鍋前，加入蝦仁、蔥花拌勻即成。

tips
1. 可選約八分熟的鳳梨入菜，酸甜風味非常適合。
2. 這道鳳梨炒飯的材料比較精簡，如果想吃得更豐盛
的話，可以加入肉絲、肉鬆、堅果，不僅更能提升
風味，還可增加口感。

難易度 ★☆☆

五目炊飯

以香菇、牛蒡、胡蘿蔔、蒟蒻和黃豆為主角，
茹素的讀者們也能放心享用。

材料
白米3杯、香菇5
朵、牛蒡1/2根、胡
蘿蔔1/2條、蒟蒻1
方塊、黃豆1/2杯

調味料
日式醬油4大匙、
雞粉1大匙

做法

1 白米洗淨，瀝乾水分；香菇泡軟切丁；牛蒡削除外
皮後切大丁；胡蘿蔔、蒟蒻切丁。

2 黃豆洗淨，浸泡2小時後瀝乾水分。

3 鍋燒熱，倒入5大匙油，先放入香菇丁炒香，續入牛
蒡丁、胡蘿蔔丁、蒟蒻丁、黃豆拌炒片刻，再加入
白米、調味料充分拌勻。

4 將做法**3**的材料倒入電子鍋中，加入2 3/4杯水煮熟。

5 趁熱挑鬆米飯和配料，也可隨喜好加入些許香菜葉
享用。

✒**tips**

1. 這裡選用了五種素食材料烹調，雖說五目是指五種
食材，但在家食用的話，也可依喜好再加入雞肉
丁、豆皮丁等配料。

2. 切好的牛蒡丁可以放入醋水中泡一下，避免因氧化
而變黑。

芋頭炊飯

芋頭除了製作芋頭粥、油飯和酥餅，
烹調炊飯讓你有不同的飲食選擇。

Part1
簡單好做

材料
白米3杯、芋頭1顆、蝦
米2大匙、肉絲1/2碗、
芹菜末4大匙

調味料
鹽1小匙、醬油2大匙、
鰹魚粉1大匙

做法

1 白米洗淨，瀝乾水分，加2 3/4杯水浸泡約30分鐘。

2 芋頭削除外皮後切大丁；蝦米泡軟後瀝乾水分。

3 鍋燒熱，倒入4大匙油，先放入蝦米、肉絲炒香，續入芋頭丁稍微拌炒，加入調味料拌勻，即成餡料。

4 把做法**3**的餡料鋪在做法**1**的白米上，移入電子鍋中煮熟。

5 趁熱挑鬆米飯和配料，撒入芹菜末即成。

tips
加入肉絲、蝦米烹調，使米飯散發出肉香與海鮮香氣，更能提升風味。

鮮菇炊飯

綜合菇各自散發獨特的香氣，
烹調炊飯留住天然的美味。

Part1
簡 單 好 做

材料
白米3杯、金針菇
115克、草菇115
克、鮮香菇115
克、鴻禧菇115克

調味料
酒2大匙、醬油3大
匙、雞粉1大匙

做法

1 白米洗淨，瀝乾水分，加2大匙酒、1/2杯水，浸泡約30分鐘。

2 鮮菇分別切去根部，洗淨剝開，放入加有少許鹽的滾水中氽燙，撈出瀝乾水分。

3 把做法**2**鋪在做法**1**的白米上，加入醬油、雞粉，移入電子鍋中煮熟。

4 趁熱挑鬆米飯和配料即成。

✐tips
蕈菇類食材本身會散發一股菌腥味，建議放入沸騰的鹽水中稍微氽燙，去除菌腥味後再烹調。

豆腐炊飯

用最平易近人的食材烹調，
日常料理也能令人感到滿滿的幸福。

Part1
簡單好做

材料
白米3杯、老豆腐2方塊、柴魚片1/2杯、
熟黑芝麻1大匙、海苔香鬆1大匙

調味料
鹽1小匙、醬油2大匙、鰹魚粉1大匙

做法

1 白米洗淨，瀝乾水分，加入2 1/2杯
水，浸泡約30分鐘。

2 豆腐切厚片，重疊排列在做法**1**的白
米上，加入調味料，撒入柴魚片，移
入電子鍋中煮熟。

3 將豆腐和白飯一起拌開，撒入熟黑芝
麻、海苔香鬆趁熱食用。

tips
1. 這是一道價廉味美的健康料理，豆腐本
身含有水分，所以煮飯時水量要減少。
2. 豆腐鋪在白米上後，再將柴魚片和調味
料撒在豆腐上，豆腐才會更入味。

五穀雜糧飯

Part1
簡單好做

黃豆糙米飯

難易度 ★☆☆

五穀雜糧飯

五穀雜糧凝聚了多種穀類的營養，
是兼具營養與美味的主食。

難易度 ★☆☆

黃豆糙米飯

滿滿營養的黃豆搭配糙米，
是絕佳的植物性蛋白來源！

材料
五穀米3杯

做法

1 五穀米洗淨，加入可淹過五穀米
的水量，浸泡一個晚上。

2 將瀝乾水分的五穀米放入電子
鍋中，加入3 1/2杯水煮熟。

3 燜數分鐘後，趁熱挑鬆即成。

材料
糙米2 1/2杯、黃豆1/2杯

做法

1 糙米、黃豆洗淨後混合，加入
可淹過糙米、黃豆的水量，浸
泡一個晚上。

2 將瀝乾水分的糙米、黃豆放入
電子鍋中，加入4杯水煮熟。

3 煮熟後，趁熱挑鬆即成。

高麗菜炊飯

南瓜炊飯

高麗菜炊飯

米粒吸收了高麗菜的天然甜味，
是一道古樸風味的傳統美食。

Part1
簡單好做

材料
白米3杯、瘦肉片
150克、蝦米2大
匙、香菇4朵、高
麗菜1/2顆、胡蘿
蔔絲少許

調味料
鹽1大匙、鰹魚粉1
大匙、白胡椒粉1
小匙

做法

1 白米洗淨，瀝乾水分。

2 香菇泡軟切絲；蝦米泡軟瀝乾水分；高麗菜切適當
大小的片狀。

3 鍋燒熱，倒入5大匙油，先放入香菇絲炒香，續入肉
片、蝦米稍微拌炒。

4 再加入高麗菜片、胡蘿蔔絲、白米混合拌炒，倒入
調味料拌勻。

5 將做法**4**放入電子鍋中，加入23/4杯水煮熟，燜數分
鐘後，趁熱挑鬆米飯和配料即成。

✈tips
炒香香菇絲、肉片和蝦米，或是在煮好後拌入些許香
菜，可使這道飯料理更增添香氣。

南瓜炊飯

微甜的南瓜炊飯口感濕潤，
全家大小都吃得津津有味。

材料
白米3杯、南瓜1
顆、肉片1/2碗、
香菇4朵

調味料
鹽1大匙、雞粉1大
匙

做法

1 白米洗淨，瀝乾水分，加入23/4杯水，浸泡約30分鐘。

2 香菇泡軟切絲；南瓜洗淨後對半剖開，去籽，然後
連皮切成塊狀。

3 鍋燒熱，倒入3大匙油，先放入香菇絲炒香，續入肉
片炒熟，放入南瓜塊稍微拌炒，加入調味料拌勻，
即成餡料。

4 做法**3**的餡料倒入做法**1**的白米上，移入電子鍋中煮熟。

5 趁熱攪拌均勻，挑鬆米飯和配料即成。

tips
如果想吃得更營養豐盛的話，可將適量鴻禧菇、栗子，
在做法**4**中加入一起炊煮。

義式四季豆飯

加入了香脆的腰果一起煮，
同時提升香氣與口感。

Part1
簡單好做

材料
白米3杯、四季豆225克、洋蔥1/2個、
腰果1/2杯

調味料
鹽1小匙、胡椒粉少許、雞粉1小匙

做法

1 白米洗淨，瀝乾水分，加入2 3/4杯
水，浸泡約30分鐘。

2 四季豆挑去硬筋，切成小段；洋蔥切
絲。（寬度依個人喜好）

3 鍋燒熱，倒入2大匙奶油，先放入洋蔥
絲以小火炒香，續入四季豆段、腰果稍
微炒，加入調味料拌勻，即成餡料。

4 將做法**3**的餡料倒入做法**1**的白米上，
移入電子鍋中煮熟。

5 趁熱攪拌均勻，挑鬆米飯和配料即成。

✎tips
除了腰果，也可以加入去皮的核桃、夏威
夷豆等，都能增加米飯的香氣，並增加咀
嚼感。

芝麻地瓜飯

微甜且香氣濃郁的地瓜搭配芝麻，
樸實的美味，單吃配菜都可口。

Part1
簡 單 好 做

材料
白米3杯、地瓜1
條、炒熟的黑芝麻
1大匙

做法

1 白米洗淨，瀝乾水分，加入3杯水，浸泡約30分鐘。

2 地瓜削除外皮，切小圓段或切滾刀塊，放入做法**1**的
白米中，移入電子鍋中煮熟。

3 趁熱挑鬆米飯和配料，撒入黑芝麻即成。

tips
有國民地瓜之稱的黃金地瓜、紅心地瓜，香氣濃郁且口
感鬆軟，都很適合以蒸、煮、烤烹調。

魚香茄子燴飯

加入辣豆瓣醬調味，
立刻變成開胃飯料理。

Part1
簡單好做

材料
白飯11/2碗、絞肉115
克、茄子2根、蔥末1大
匙、薑末1大匙、蒜末1
大匙

調味料
（1）酒1大匙、辣豆瓣
醬1大匙、醬油2大匙、
雞粉1小匙、糖1小匙、
水1杯
（2）太白粉1小匙、水
3大匙

做法

1 茄子洗淨，去掉蒂頭，切成1公分寬的圓段，放
入油鍋中炸熟，撈出備用。

2 鍋燒熱，倒入2大匙油，先放入蔥末、薑末和蒜
末炒香，沿著鍋邊淋入酒，加入絞肉炒熟，倒
入辣豆瓣醬稍微拌炒。

3 接著加入醬油、雞粉和糖煮滾，續入炸軟的茄
子稍微燴煮，以太白粉水勾薄芡。

4 將米飯盛於盤中，淋入適量的做法3即成。

tips
茄子先炸過定型，再入鍋燴煮，不僅可避免烹調過程
中茄子變得軟爛，還能提升食材香氣與口感。

難易度 ★☆☆

蝦仁蛋炒飯

炒飯的經典款風味，
每家餐桌的必備飯料理。

Part1
簡單好做

材料
白飯1 1/2碗、蝦仁
75克、蛋1顆、蔥
花2大匙

調味料
鹽少許、雞粉少
許、胡椒粉少許

做法

1 蝦仁背部劃一刀紋，抽去腸泥，洗淨瀝乾水分，擦乾。

2 鍋燒熱，倒入4大匙油，先放入蝦仁快炒至顏色轉紅，取出。

3 立刻將蛋液倒入鍋中以餘油快炒，等蛋液凝固時，加入白飯、蝦仁和調味料，充分拌勻。

4 起鍋前，加蔥花拌勻即成。

tips

1. 去蝦子腸泥時，在其背部劃一刀紋，剝開蝦肉便能看到腸泥，然後以牙籤挑出即可。
2. 處理後的生蝦仁沒有馬上用完，可以用紙巾擦乾水分，再交疊排入保鮮盒中，每層蝦仁之間，以紙巾分隔為佳。

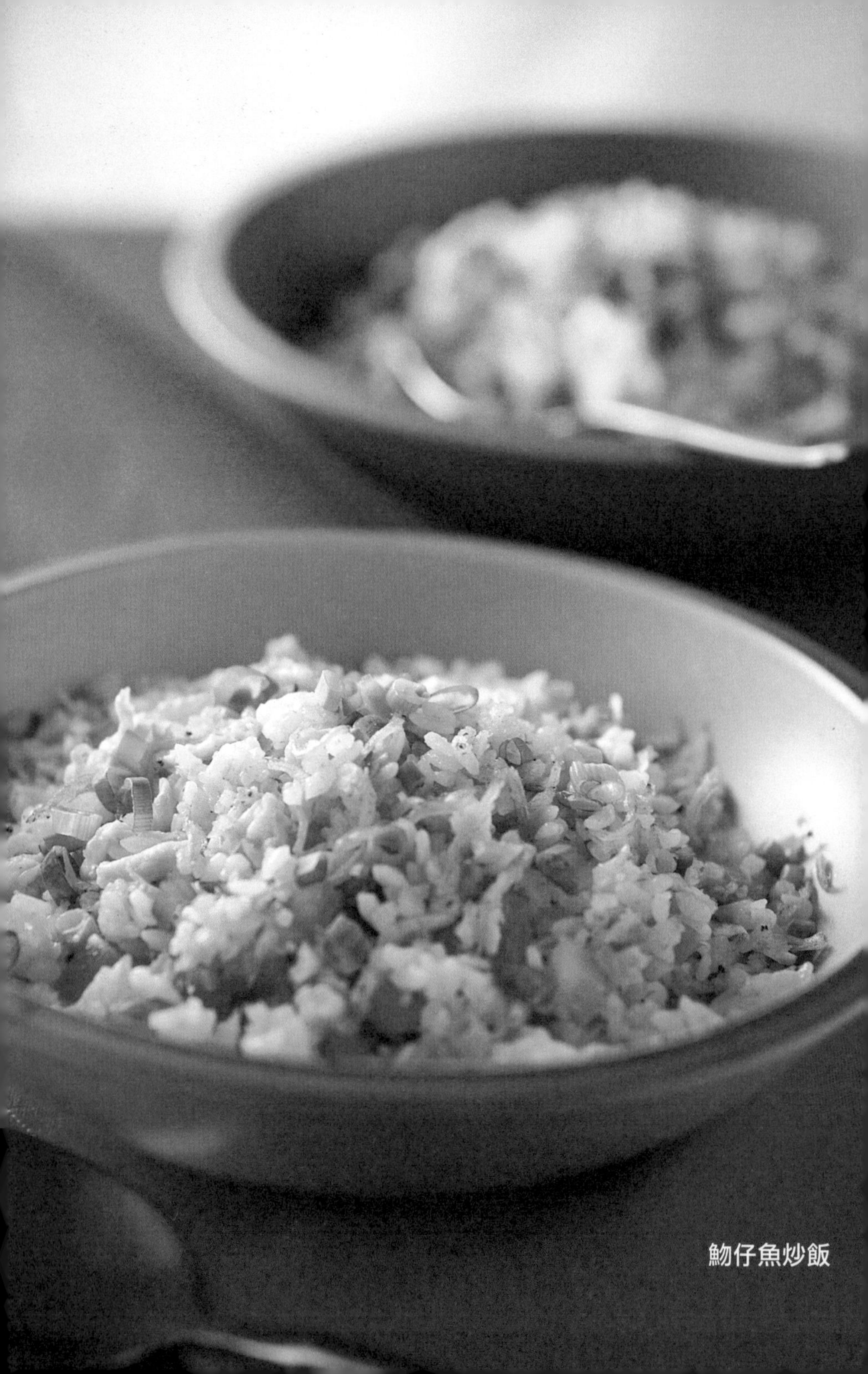
魩仔魚炒飯

咖哩雞肉飯

魩仔魚炒飯

食材配料新鮮且現做，
飯粒顆顆分明，令人垂涎。

Part1
簡單好做

材料
白飯1碗、魩仔魚
75克、蛋1顆、蔥1
支、紅甜椒丁2大匙

調味料
雞粉少許、黑胡椒
粒少許

做法

1 魩仔魚洗淨，瀝乾水分；蔥切成蔥花；蛋打散成蛋液。

2 鍋燒熱，倒入少許油，放入魩仔魚煎炒至酥黃。

3 另一鍋燒熱，倒入2大匙油，先加入蛋液煎至快凝固時，加入白飯炒鬆，續入紅甜椒丁炒軟。

4 最後加入炒酥的魩仔魚、調味料和蔥花拌勻即成。

✎tips
魩仔魚富含鈣質，很適合煮粥、炒飯和小菜。炒酥後更香，搭配蛋液、蔥花，風味絕佳。

難易度 ★☆☆

咖哩雞肉飯

媽媽的拿手飯料理，

咖哩風味永遠人氣最高！

材料
白飯1 1/2碗、去骨
雞腿1隻、馬鈴薯
1個、洋蔥1/2個、
胡蘿蔔1/3條

調味料
咖哩塊4小方塊、
水3杯

做法

1 馬鈴薯削除外皮，切大塊；洋蔥切絲；胡蘿蔔削除外皮，切滾刀塊；雞腿切塊。

2 鍋燒熱，倒入3大匙油，先放入洋蔥絲炒香，續入雞腿塊煎至微黃。

3 接著放入馬鈴薯塊、胡蘿蔔塊稍微拌炒，倒入水煮滾，再改中小火煮約20分鐘，加入咖哩塊煮溶。

4 將白飯裝入盤中，舀入適量的做法**3**即成。

✈tips
1. 使用咖哩做成的料理，放一天後會更加美味可口，所以不妨一次多做些，隔天也可食用。
2. 可將水換成一半分量的椰漿，咖哩便會散發椰奶香味，充滿東南亞風情。

豬油拌飯

Part1
簡單好做

紅豆飯

豬油拌飯

香噴噴的豬油拌飯，
勾起許多人記憶中的美味。

紅豆飯

紅豆並非只能製作甜品，
簡單的紅豆飯絕對讓你讚不絕口！

材料
熱白飯1碗、蛋黃1顆、豬油1大匙

調味料
醬油1大匙

做法

1 將剛煮好的白飯盛入碗中，打入1顆蛋黃。

2 舀入1大匙豬油，淋入醬油，趁熱拌勻即可食用。

材料
圓糯米3杯、紅豆1/2杯

調味料
白醋1小匙

做法

1 紅豆洗淨，放入電鍋內鍋，加入2又3/4杯水，浸泡一夜。外鍋加2碗水，煮至電源開關跳起。

2 糯米洗淨瀝乾水分，加入紅豆、2又3/4杯紅豆水，放入電子鍋中煮熟，燜透後加入白醋攪拌均勻。

3 盛於盤中放涼食用。

培根咖哩炒飯

炒得香酥的培根丁，
是這盤炒飯好吃的祕訣。

材料
白飯1 1/2碗、培根1片、葡萄乾1大匙、
蔥花1大匙

調味料
鹽1/2小匙、雞粉1/2小匙、咖哩粉1大匙

做法

1 培根切成大丁。

2 平底鍋燒熱，倒入2大匙油，先放入培
根丁炒香，續入白飯炒散。

3 接著加入調味料、葡萄乾、蔥花拌勻。

4 將做法**3**盛於盤中即成。

tips
除了培根丁，也可以改成火腿丁、香腸丁
等，更換配料，每天都吃不膩。

XO醬炒飯

Part1
簡單好做

火腿三色丁炒飯

XO醬炒飯

簡單的食材與做法，
烹調出令人口齒留香的美味。

材料
白飯1碗、XO醬1大匙、蛋1顆、紅甜椒丁1大匙、黃甜椒丁1大匙、蔥花1大匙

調味料
鹽少許、雞粉少許

做法

1 蛋打散。

2 鍋燒熱，倒入2大匙油，倒入蛋液炒至快凝固時，加入XO醬稍微拌炒，續入白飯、紅甜椒丁、黃甜椒丁稍微拌炒。

3 起鍋前，加入蔥花、調味料拌勻即成。

火腿三色丁炒飯

好吃、易做，烹調無難度，
帶便當最佳選擇！

材料
白飯1 1/2碗、洋火腿丁2大匙、冷凍三色丁（青豆、玉米、胡蘿蔔丁）2大匙

調味料
鹽1/2小匙、雞粉1/2小匙

做法

1 洋火腿切小丁。

2 鍋燒熱，倒入2大匙油，先放入洋火腿丁、青豆、玉米和胡蘿蔔丁稍微拌炒。

3 接著加入白飯拌炒均勻，倒入調味料調味即成。

菜脯肉末炒飯

以菜脯與蔥花為主角烹調炒飯，
吃過這盤古早味絕對念念不忘！

Part1
簡單好做

材料
白飯1 1/2碗、絞肉
75克、菜脯3大
匙、蔥花2大匙

調味料
鹽少許、雞粉少
許、胡椒粉少許

做法

1 菜脯洗淨切碎，瀝乾水分。

2 鍋燒熱，倒入3大匙油，先放入絞肉炒熟，續入菜脯
稍微拌炒。

3 加入白飯、調味料拌炒均勻。

4 起鍋前，撒入蔥花即成。

tips
因為菜脯本身就有鹹味，鹽必須斟酌加入，切勿過多。

Part2
人氣特選

這裡選出數十道不分年齡，深
受大眾喜愛的中式飯料理，只
要加入蔬菜、海鮮、肉類等配
料翻炒、炊煮，一盤好飯不費
吹灰之力就能上桌。當你不知
道今天要吃什麼時，這些美味
飯料理無疑是最佳的選擇。

泡菜風味黃豆芽炊飯

簡單以可口的泡菜湯汁調味，
炊飯入味，怎麼吃都美味！

Part2
人氣特選

材料
白米3杯、豬絞肉225克、黃豆芽300克、蛋1顆、芝麻粉少許

調味料
（1）泡菜湯汁3大匙、太白粉1小匙
（2）鹽1小匙、雞粉1大匙

做法

1 白米洗淨，瀝乾水分，加入2 1/2杯水，浸泡約30分鐘。

2 蛋打散，煎成蛋皮，切成細絲。

3 豬絞肉加入調味料（1）拌勻；黃豆芽去除根部、切小段。

4 鍋燒熱，倒入2大匙油，先放入豬絞肉炒熟，加入黃豆芽、調味料（2）拌勻，即成餡料。

5 將做法4的餡料倒入做法1的白米上，移入電子鍋中煮熟，趁熱輕輕挑鬆米飯和配料。

6 盛碗後，撒上少許芝麻粉和蛋皮絲即成。

tips
若選用辣味的泡菜湯汁，可享用辣泡菜獨特的辣香；不吃辣的人，可以嘗試加入台式泡菜湯汁烹調。

難易度 ★☆☆

上海菜飯

簡單的家常做法，
火腿提味，輕鬆享受知名飯料理！

Part2
人氣特選

材料

白米3杯、青江菜
300克、金華火腿1
小方塊（約75克）

做法

1 白米洗淨，泡水約30分鐘，瀝乾水分。

2 白米加入2³/₄杯水、1大匙油，移入電子鍋中煮熟。

3 青江菜洗淨剝片，瀝乾水分後切成細絲，待米飯煮熟時，趁熱加入一起混合拌勻，即成菜飯。

4 火腿切小丁，放入油鍋中炸酥，撈出後切成末。

5 將菜飯盛入碗中，撒上少許香酥的做法**4**即成。

✈ tips

上海菜飯有兩種做法：

1. 將青江菜切小塊，與白米一同炊煮，米飯中會充滿濃濃的菜香味。
2. 白飯煮好後，趁熱拌上生的青江菜絲，色澤較綠，有淡淡的蔬菜清香。

香椿炒飯

以散發獨特香氣的香椿入菜，
炒飯、炒蛋、拌麵都很適合。

Part2
人氣特選

材料
白飯1又1/2碗、香椿醬1大匙、炸熟松子仁2大匙

香椿醬
香椿葉1大把（約225克）、香油2杯、鹽1
大匙、素高湯粉1大匙

做法

1 香椿葉洗淨，瀝乾水分，剪成小片。

2 將做法**1**放入調理機中，加入香油、鹽、
素高湯粉，攪打約2分鐘至糊狀，即成香
椿醬。

3 鍋燒熱，倒入1大匙油，先放入白飯炒
散，續入香椿醬炒勻。

4 起鍋前，撒入松子仁即成。

tips
1. 香椿醬本身就有鹹味，可以不用加鹽調味。
2. 自製香椿醬如果沒用完，可倒入乾淨的容
   器中，放入冰箱冷藏保存。

鮮菇燴飯

香氣濃郁的菇類成為主角，
兼具營養與口感，人人都愛。

Part2
人 氣 特 選

材料
白飯1 1/2碗、金針菇75克、鴻禧菇75克、鮮香菇75克、胡蘿蔔絲2大匙、芹菜2支、甜豆20克

調味料
鹽1小匙、素高湯粉1小匙、太白粉1小匙、水3大匙、香油1大匙

做法

1 鮮菇分別切去蒂頭，剝開洗淨，瀝乾水分。

2 香菇切片；芹菜切段；甜豆摘去硬筋。

3 鍋燒熱，倒入3大匙油，先放入香菇片炒香，加入金針菇、鴻禧菇、胡蘿蔔絲和甜豆稍微拌炒，倒入1 1/2杯水煮滾，加入鹽、素高湯粉拌勻。

4 撒上芹菜段，以太白粉水勾薄芡，滴入香油。

5 將白飯盛於大盤內，淋入做法4即成。

✈tips
這裡的菇類食材，除增加香氣的香菇片之外，其他可以用買得到的菇類替換。

海鮮什錦燴飯

揚州炒飯

難易度 ★★☆

海鮮什錦燴飯

隨意加入喜愛的海鮮，
簡單一盤燴飯令人滿足！

Part2
人氣特選

材料

白飯11/2碗、肉片
適量、蝦仁適量、
透抽適量、鮮香菇
2朵、胡蘿蔔片數
片、甜豆數片

調味料

（1）水2大匙、太
白粉1/2小匙
（2）醬油1大匙、
鹽1/2小匙、鰹魚粉
1/2小匙、白胡椒粉
少許、水1杯
（3）太白粉1小
匙、水3大匙

做法

1 肉片加入調味料（1）拌勻備用。

2 蝦仁背部劃一刀紋，抽去腸泥，洗淨擦乾水分。

3 透抽切0.5公分寬的圈狀；鮮香菇切片；甜豆摘去硬
筋。

4 鍋燒熱，倒入3大匙油，先放入香菇片炒香，續入肉片
炒熟，倒入調味料（2）煮滾，加入蝦仁、透抽圈、胡
蘿蔔片、甜豆，稍微燴煮，倒入太白粉水勾薄芡。

5 將白飯盛於盤中，淋入做法4即成。

tips

肉片加入調味料（1）稍微醃一下，可使肉片入味，與其
他材料燴煮後更可口。

難易度 ★☆☆

揚州炒飯

混合蛋香、菜香與飯香，
米飯粒粒分明，口感佳。

材料

白飯1碗、叉燒肉
1/4碗、蛋1顆、小
蝦仁少許、蔥1支、
香菇2朵

調味料

鹽少許、胡椒粉少
許、雞粉1小匙

做法

1 叉燒肉切小片；香菇泡軟切絲；蔥切成蔥花。

2 蝦仁背部劃一刀紋，抽去腸泥，洗淨擦乾水分。

3 鍋燒熱，倒入2大匙油，先放入蛋炒散，續入香菇絲
  炒香，放入蝦仁炒熟，再加入白飯、叉燒肉片和調
  味料拌勻。

4 起鍋前，撒入蔥花即成。

tips

1. 要使用放入冰箱冷藏過的白飯製作，炒出來的飯才
   會顆粒分明又可口。

2. 用大火先將乾鍋加熱，再加入較多的油燒熱，使鍋
   子充分吃油後，將多餘的油倒出，這樣炒出來的飯
   才會乾鬆、不油膩。

蛤蜊干貝飯

干貝與蛤蜊的鮮味滲入飯中，
加入柴魚調味，品嘗滿滿的海鮮風味。

Part2
人氣特選

材料
白米3杯、小干貝（珠貝）1/2碗、蛤蜊肉
1/2碗、柴魚片少許

調味料
日式柴魚醬油2大匙、鰹魚粉1大匙

做法
1 白米洗淨，瀝乾水分，加入3杯水，浸泡
約30分鐘。

2 小干貝加酒（需蓋過材料），放入鍋中蒸
20分鐘。

3 將小干貝、蛤蜊肉放入做法**1**的白米中，
加入調味料，移入電子鍋中煮熟。

4 趁熱挑鬆米飯和配料，撒上柴魚片即成。

tips
1. 可以在大型傳統市場買到冷凍包裝的新鮮
   蛤蜊肉。
2. 小干貝又叫珠貝，在較大型的雜貨店或迪
   化街南北貨店都可買到。口味上分淡味與
   鹹味，淡味的比較可口。

咖哩海鮮燴飯

咖哩好下飯、海鮮勾起食慾，
百吃不膩的燴飯代表！

Part2
人氣特選

材料
白飯1 1/2碗、蝦仁
75克、透抽75克、
蘭花蚌75克、洋蔥
1/2個

調味料
咖哩粉1大匙、鹽
1/2小匙、鰹魚粉1/2
小匙、水3大匙、太
白粉1小匙

做法

1 蝦仁背部劃一刀紋，抽去腸泥，洗淨擦乾水分。

2 透抽切0.5分寬的圈狀；洋蔥切絲。

3 鍋燒熱，倒入3大匙油，先放入洋蔥絲炒香，續入咖哩粉、蝦仁、透抽和蘭花蚌拌均勻，加入1 1/2杯水、鹽和鰹魚粉煮滾，最後以太白粉水勾薄芡。

4 將米飯盛入盤中，淋入適量的做法**3**即成。

✈tips
可依個人喜好的風味和辣度，選用台式或日式、印度咖哩粉烹調。

蒲燒鰻油飯

醬香、肉質軟嫩的鰻魚是主角，
搭配油飯，變化新吃法。

材料

長糯米4杯、肉絲適量、香菇絲適量、蝦米
適量、油蔥酥2大匙、市售蒲燒鰻1條、香菜
少許

調味料

醬油1/2杯、雞粉1大匙、胡椒粉1大匙

做法

1 糯米洗淨，放入電子鍋內鍋中，加入約3
杯水，煮成糯米飯。

2 鍋燒熱，倒入5大匙油，先放入肉絲、香
菇絲和蝦米炒香，加入調味料拌勻，起鍋
前，加入油蔥酥拌勻。

3 將做法**2**倒入糯米飯中，趁熱充分攪拌均
勻，即成油飯。

4 取4～5碗油飯盛入水盤內，上面鋪好切塊
的蒲燒鰻，放入蒸鍋蒸約10分鐘，取出撒
上香菜即成。

tips

也可使用電鍋煮糯米飯。將糯米倒入電鍋的內
鍋，加入1/2糯米量的水，外鍋倒入1～2杯水煮
即可。

鹹魚雞粒炒飯

Part2
人氣特選

鮮魷飯

鹹魚雞粒炒飯

加入炒香的鹹鮭魚丁，
鹹香更能提升食慾，飽足一餐。

材料
白飯1碗、鹹鮭魚1小塊、雞胸肉
115克、蔥花2大匙

調味料
（1）酒1大匙、水2大匙、鹽少
許、太白粉1/2小匙
（2）雞粉1小匙

做法

1 鹹鮭魚去皮切碎。

2 雞胸肉切小丁，加入調味料（1）
拌勻。

3 鍋燒熱，倒入5大匙油，先放入
雞丁炒至顏色轉白，撈出。

4 將鹹鮭魚碎放入鍋中，立刻以餘
油炒香，加入白飯、雞粉、雞肉
丁一起混合拌勻。起鍋前，撒入
蔥花即成。

鮮魷飯

海鮮老饕別錯過，
美味油飯大家都愛吃！

材料
鮮魷魚2條、油飯2碗

沾醬
醬油膏2大匙、薑泥1/2小匙、糖1
小匙、白醋1大匙

做法

1 處理新鮮魷魚，去除外膜和內
臟，留下圓筒狀部分；油飯做法
參照p.75。

2 鍋中水煮滾，加入1大匙酒、1小
匙鹽，放入魷魚燙熟，取出擦乾
水分。

3 將油飯填入魷魚內部中空處，壓
緊密，用利刀切成圓圈狀，淋上
拌勻的沾醬即成。

難易度 ★★☆

鐵路飯盒排骨飯

懷舊風排骨便當，
是許多人的共同回憶。

Part2
人 氣 特 選

材料

白飯1 1/2碗、大排骨肉2片、酸菜絲225克、辣椒2支、蒜末2大匙、醃黃蘿蔔片2片、地瓜粉2大匙

調味料

（1）酒1大匙、醬油4大匙、五香粉1/4小匙、糖1 1/2大匙
（2）醬油1/2杯、水3杯、糖2大匙

做法

1 大排骨肉兩面拍鬆，加入調味料（1）拌醃約30分鐘，取出分別沾上地瓜粉，放置片刻，再放入約170℃的油鍋中，炸至金黃後取出。

2 辣椒切碎；鍋中放入酸菜絲、辣椒碎、蒜末、做法1的大排骨肉和調味料（2），先煮滾，再改成中火燜煮20分鐘。

3 將白飯裝入碗中，放入一片排骨肉、少許酸菜絲，淋點做法2的滷汁，排上醃黃蘿蔔片即成。

tips
酸菜絲很鹹，適量加入即可。

雪菜肉絲炒飯

雪菜風味獨特，開胃又下飯，
是必備的便當菜色。

Part2
人 氣 特 選

材料
白飯1 1/2碗、肉絲75克、雪裡紅115克、辣
椒末少許

調味料
（1）水2大匙、太白粉1/2小匙
（2）鹽少許、雞粉少許

做法
1 將肉絲加入調味料（1）拌勻。

2 雪裡紅去硬梗和老葉，洗淨擠乾水分，切
成細末。

3 鍋燒熱，倒入3大匙油，先放入肉絲炒
熟，續入雪裡紅末和辣椒末稍微拌炒。

4 加入白飯、調味料（2）拌炒均勻即成。

tips
雪菜炒肉絲不僅適合炒飯，也可以當成便當
菜或湯麵的配料。

滷肉飯

讓米飯更好吃的配料，
大眾都愛的傳統地方美食。

Part2
人氣特選

材料
白飯1 1/2碗、肉燥適量、醃黃蘿蔔片適量

肉燥
粗胛心絞肉600克、八角2粒、油蔥酥1/2
碗、大蒜酥2大匙、酒2大匙、壺底油1碗、
五香粉1/4小匙、冰糖1大匙

做法
1 鍋燒熱，倒入4大匙油，先放入絞肉炒
散，倒入酒、壺底油拌炒至顏色呈琥珀
色，再加入五香粉拌勻。

2 取一深鍋，倒入4碗水，加入冰糖煮滾，
加入做法**1**的絞肉、八角、油蔥酥、大蒜
酥，以中小火煮50分鐘，即成肉燥。

3 將白飯盛入碗中，淋入適量做法**2**的肉
燥，放入一片醃黃蘿蔔片即可拌食。

tips
不妨利用假日燒煮好一鍋肉燥，隨時可取出
加熱拌飯、拌麵、拌粉絲、拌青菜等，快速
方便且可口。

臘味煲仔飯

香噴噴的油脂與米飯融合，
一口臘肉一口飯，真是絕配！

Part2
人氣特選

材料
白米2杯、廣式臘腸適量、肝腸適量、臘肉適量、芥蘭菜少許

調味料
鹽少許

做法

1 白米洗淨，瀝乾水分。

2 將白米放入煲鍋中，排入臘腸、肝腸、臘肉，加入2杯水煮滾，蓋上鍋蓋，改成小火燜煮至水分收乾、米飯煮熟。

3 取出做法2的臘腸、肝腸、臘肉斜切薄片，排入煲鍋。

4 芥蘭菜洗淨，切3～4公分長段，放入油鍋中，加入少許鹽炒熟，然後排入煲鍋中即成。

✈tips
煲仔飯是在蒸飯的過程中，讓廣式臘腸、肝腸、臘肉的油脂滴滴滲入飯中，增添米飯的香濃味道，加上特殊的口感，讓人永遠也吃不膩。

台式豆皮壽司

清爽無負擔的低卡餡料，
推薦瘦身一族享用！

Part2
人氣特選

材料

白飯3～4碗、洋蔥20克、胡蘿蔔30克、四季豆30克

調味料

鹽適量、雞粉適量

做法

1 洋蔥切細末。

2 胡蘿蔔削除外皮，切成細絲。

3 四季豆摘去硬筋，切成蔥花般的大小。

4 鍋燒熱，倒入2大匙油，先放入洋蔥末炒香，續入胡蘿蔔絲、四季豆稍微拌炒，加入白飯和調味料拌炒均勻。

5 將豆皮打開，填入做法**4**至約七分滿，將豆皮稍微往內摺入，再填入做法**4**至填滿即成。

tips

包入的白飯餡料也可以依個人喜好，改成木耳絲、玉米粒、芹菜丁或冷凍三色丁等。

難易度 ★★☆

台式油飯

嬰兒滿月、辦桌和夜市可口小吃，
深受全民喜愛的傳統美食！

Part2
人氣特選

材料
長糯米4杯、梅花
肉100克、香菇4
朵、蝦米50克、乾
魷魚85克、油蔥酥
1/2杯少一點

調味料
醬油1/2杯少一點、
雞粉1大匙、胡椒粉
1小匙、香菇水1碗

做法

1 糯米洗淨，瀝乾水分，放入電子鍋內鍋中，加入3
杯，煮成糯米飯。

2 梅花肉切絲；香菇泡軟切絲；蝦米泡軟後瀝乾水
分；乾魷魚泡軟，切絲後再切小段。

3 鍋燒熱，倒入4大匙油，先放入香菇絲炒香，續入肉
絲、蝦米、魷魚段炒熟，加入調味料一起燜煮約4分
鐘，加入油蔥酥拌勻，即成餡料。

4 將做法**3**的餡料倒入煮好的糯米飯中，趁熱拌勻即
成。

✈tips
泡香菇的水不要丟掉，可以當作調味料一起加入烹調，
讓餡料香氣更濃郁。

窩蛋牛肉飯

牛腩燴飯

難易度 ★★☆

窩蛋牛肉飯

打入一顆濃稠的新鮮蛋黃，
為這道米飯料理增添風味！

Part2
人氣特選

材料
白米1杯、牛絞肉
75克、蛋1顆、芥
蘭菜2顆

調味料
酒1大匙、醬油膏1
大匙、雞粉1/2小匙

做法

1 白米洗淨，瀝乾水分，加入1杯水，浸泡約30分鐘，外鍋加1杯水，移入電鍋中蒸15分鐘。

2 牛絞肉、調味料拌勻備用。

3 將做法**1**的白飯移入砂鍋內，鋪上做法**2**調味過的牛絞肉，打入一顆蛋，放入蒸鍋繼續蒸5分鐘，趁蛋黃尚未凝固時熄火。

4 備一鍋滾水，加入少許鹽，芥蘭菜切段後加入滾鹽水中汆燙，撈出瀝乾水分，擺放於飯上即可拌食。

✈tips
這是一道廣東美食，蒸好的窩蛋牛肉飯，蛋黃滑嫩，而且飯中帶有牛肉原味，入口時有蛋有肉也有飯，一次享受三種美味。

難易度 ★★☆

牛腩燴飯

牛肉的筋、肉與油花分布恰到好處，
口感極佳，是最受歡迎的燴飯！

材料
白飯1 1/2碗、牛肋條1,200克、胡蘿蔔1條、蔥1支、薑片4片、八角2粒

調味料
（1）酒1大匙、醬油4大匙、糖1 1/2大匙、牛肉湯汁1,200c.c.、太白粉1大匙

（2）辣豆瓣醬1大匙、甜麵醬1大匙、蕃茄醬4大匙

做法

1 牛肋條切塊狀，放入滾水中汆燙，去除血水和泡沫，撈出洗淨。

2 取一湯鍋，倒入1,500c.c.水，放入牛肉塊，以中火煮40分鐘，撈出牛肉塊瀝乾，湯汁留下。

3 蔥洗淨，切段；胡蘿蔔去皮，切滾刀塊。

4 鍋燒熱，倒入4大匙油，先放入蔥段、薑片炒香，沿鍋邊淋入酒，續入做法**2**的牛肉塊、調味料（2）拌炒約2分鐘。

5 接著加入醬油、糖、八角、牛肉湯汁、胡蘿蔔塊一起煮滾，改中小火燜煮至牛肉軟爛（約30分鐘），再以太白粉水勾薄芡。

6 將白飯盛入盤中，舀入適量的牛腩肉塊、湯汁和胡蘿蔔塊即成。

✒ tips
1. 燴飯又稱為「蓋飯」，是將菜燴煮成稠糊狀，連汁帶料淋在白飯上，使飯粒均勻沾上醬汁，吃起來才會滑嫩可口。
2. 盛飯時，不要將米飯壓得太緊實，以免醬汁無法浸入米飯中。

芥蘭牛肉燴飯

口感清脆的芥蘭＋柔軟的牛肉，
是蔬菜與肉類的完美搭配。

Part2
人氣特選

材料

白飯1 1/2碗、牛里肌肉150克、芥蘭菜225
克、小蘇打粉1/2小匙

調味料

（1）酒1大匙、水3大匙、太白粉1小匙
（2）蠔油2大匙、鹽1/3小匙、糖1/3小匙、
水1杯
（3）太白粉1小匙、水3大匙

做法

1 牛肉切片，加入小蘇打粉、調味料（1）
拌勻。

2 芥蘭菜去掉老葉、硬梗，洗淨後切3～4公
分的長段。

3 鍋燒熱，倒入5大匙油，等油溫七分熱
時，放入牛肉片快炒至八分熟，取出。

4 立刻放入芥蘭菜，以餘油入炒軟，加入調
味料（2）煮滾，加入做法**3**的牛肉片燴煮
一下，以太白粉水勾薄芡。

5 將白飯盛於大盤中，淋入適量的芥蘭菜、
牛肉片和醬汁即成。

✈tips

芥蘭菜本身帶有些許苦味，這裡先以油炒
軟，可以減少苦味，提升風味。

滑蛋牛肉飯

簡單的蛋與牛肉,

烹調出讓人回味的美味飯料理。

Part2
人氣特選

材料
白飯1 1/2碗、牛里肌肉150克、蛋4顆、蔥花2大匙

調味料
(1)酒1大匙、水3大匙、太白粉1/2小匙
(2)鹽1/2小匙、雞粉1/2小匙

做法

1 牛肉切片,加入調味料(1)拌勻。

2 鍋燒熱,倒入5大匙油,放入牛肉片快速過油至八分熟,撈出瀝乾油分,放涼。

3 蛋打散,加入1大匙蔥花、調味料(2)拌勻。

4 將放涼的牛肉片、做法**3**的蛋液混合拌勻。

5 另取一鍋,倒入5大匙油,放入做法**4**快速拌炒,炒至蛋液快凝固成滑潤狀時,撒入剩下的蔥花,即成滑蛋牛肉。

6 將白飯盛入盤中,倒入適量滑蛋牛肉即成。

tips
1. 取名「滑蛋」,表示這道菜吃起來滑潤爽口,因此在烹調過程中,蛋和油的分量都要多些。
2. 將牛肉改成蝦仁,就成了美味的滑蛋蝦仁飯。

乾燒咖哩飯

咖哩炒飯、燴飯之外的新選擇，
加入堅果，口口香氣令人食慾大開。

Part2
人氣特選

材料

白米3杯、洋蔥丁4大匙、蒜末1大匙、牛絞肉300克、胡蘿蔔丁4大匙、青椒丁1/2杯、核桃碎2大匙、葡萄乾2大匙、芹菜末1大匙

調味料

鹽1小匙、雞粉1大匙、咖哩粉2大匙、麵粉1大匙

做法

1 白米洗淨，瀝乾水分，加入2 3/4杯水，浸泡約30分鐘，移入電子鍋中煮熟。

2 鍋燒熱，倒入3大匙油，先放入洋蔥丁、蒜末炒香，續入牛絞肉炒熟，加入胡蘿蔔丁、青椒丁、核桃碎、葡萄乾拌炒均勻至蔬菜軟化。

3 接著加入調味料炒至完全入味，即成咖哩餡料。

4 米飯趁熱挑鬆，加入做法**3**的咖哩餡料充分攪拌，最後撒些芹菜末即成。

 tips

做法**4**也可不要攪拌，直接將白飯搭配咖哩餡料食用，十分下飯。

八寶飯

象徵喜慶與歡愉氛圍的甜味飯料理，
傳統的中式甜點，嘗一口久久難忘。

**Part2
人氣特選**

材料

圓糯米2杯、豆沙
75克、紅綠絲適
量、糖豆適量、葡
萄乾適量、奇異果
乾適量、花生粉少
許

調味料

（1）油2大匙、白
砂糖2大匙
（2）水1/2杯、糖
1大匙
（3）太白粉1小匙、
水3大匙

做法

1 圓糯米洗淨，瀝乾水分，放入電子鍋內鍋中，內鍋
加入13/4杯水，煮成糯米飯。

2 糯米飯燜數分鐘後，加入調味料（1）混合拌勻。

3 取一個中碗，塗上一層油，排入紅綠絲、糖豆、葡萄
乾、奇異果乾，舀入糯米飯至半滿，中間鋪上豆沙，
再將剩餘的糯米飯填入，壓緊實，即成八寶飯。

4 將八寶飯放入蒸鍋中蒸約15分鐘，取出倒扣於盤中。

5 另取一鍋中，將調味料（2）的水和糖煮滾，以太白
粉水勾成透明的薄芡，淋在八寶飯上，最後撒些花
生粉即成。

tips

甜糯米飯搭配花生粉一起食用，風味更具層次，配料更
甜而不膩。

Part3
異國風味

這個單元收錄了涵蓋日本、韓國、東南亞和歐洲等國的知名飯料理,獨特的調味和簡化的做法,任何人都能烹調,即使是愛挑嘴的老饕們也讚不絕口。在家就能充分享受異國風情的美食。

日式蔥花拌飯

韓式蔬菜拌飯

難易度 ★☆☆

日式蔥花拌飯

拌上蔥花與甘甜風味的柴魚醬油，
品嘗道地的日本家庭料理。

Part3
異 國 風 味

材料
熱白飯1碗、青蔥
30克

調味料
日式柴魚醬油1大匙

做法

1 青蔥切成蔥花。

2 將熱騰騰的白飯盛入碗中，撒上蔥花。

3 淋上柴魚醬油，趁熱食用最美味！

tips

1. 2004年春，至日本友人家中作客，初嘗蔥花拌飯，真是別有一番風味，青蔥與柴魚醬油的香味，讓人回味無窮。

2. 挑選青蔥時，可挑選蔥白粗細均勻，蔥綠無黃斑點，新鮮翠綠的。

難易度 ★☆☆

韓式蔬菜拌飯

韓式烤肉醬是拌飯美味的關鍵，
搭配蔬菜、烤肉，都能提升風味。

材料
白飯1 1/2碗、黃豆芽150克、胡蘿蔔絲2大匙、小黃瓜絲2大匙、韓國泡菜2大匙、烤松子仁少許、熟白芝麻少許

調味料
韓國烤肉醬3大匙

做法

1 黃豆芽洗淨，放入滾水中汆燙，撈出瀝乾水分，加入1大匙烤肉醬拌醃。

2 將白飯盛入一個大碗中，依序排入黃豆芽、泡菜、胡蘿蔔絲、小黃瓜絲。

3 撒上烤松子仁、熟白芝麻。

4 最後舀入2大匙烤肉醬拌勻即成。

tips
拌飯中也可加入蛋皮絲，增加色澤與美味，或是加入烤肉片，配料更豐盛。

和風蛋包飯

日本旅遊必吃的國民美食，
簡單材料也能在家製作。

Part3
異國風味

材料
白飯3/4碗、蛋1顆、蝦仁少許、蕃茄醬1大匙

調味料
（1）太白粉1/4小匙、水1小匙。
（2）鹽1/2小匙、蕃茄醬2大匙。

做法

1 蝦仁背部劃一刀紋，抽出腸泥，洗淨後擦乾水分。

2 蛋打散，加入調味料（1）的太白粉水拌勻，可以增加蛋皮韌性。

3 鍋燒熱，倒入2大匙油，先放入蝦仁、白飯稍微拌炒，續入調味料（2）拌勻，即成紅飯（蕃茄醬飯）。

4 平底鍋加熱，抹上一層薄薄的油，待平底鍋溫度上升，倒入做法**2**的蛋液，讓蛋液流成圓片狀，布滿整個平底鍋面。

5 待蛋液快要凝固時，將紅飯放入蛋皮的一端，另一端的蛋皮反摺覆蓋即成蛋包飯。

6 食用時，可擠入適量蕃茄醬或辣醬食用。

tips
做法**4**煎蛋皮時，蛋液要布滿整個平底鍋面，並且厚薄均勻，等煎至表面僅剩少許蛋液（快要凝固）時加入紅飯。

青醬燉飯

香氣濃郁的青醬搭配飯、麵皆可，
可口的燉飯讓人一吃就愛上！

Part3
異國風味

材料
泰國香米2杯、青醬2大匙、烤松子仁1大匙、雞肉片適量、洋菇片適量、蝦仁適量、透抽適量、蒜末2大匙、洋蔥丁2大匙、高湯2杯、起司粉1小匙

青醬
九層塔300克、烤松子仁1/2碗、大蒜末4大匙、洋蔥末4大匙、帕瑪森起司2大匙、鹽1大匙、橄欖油2杯

做法
1 先製作青醬。九層塔洗淨後瀝乾水分，與其他材料一起放入調理機或果汁機中，攪打成泥狀，即成青醬。

2 青醬留下2大匙，其他裝入消毒過的玻璃容器內，放入冰箱冷藏保存。

3 平底鍋燒熱，倒入4大匙橄欖油，先放入蒜末、洋蔥丁以小火炒香，續入雞肉片、洋菇片、蝦仁、透抽稍微拌炒。

4 加入香米拌炒，加入青醬拌炒均勻，淋入高湯。

5 蓋上鍋蓋，以小火燜煮約20分鐘，煮至米飯熟透。

6 起鍋前，撒入烤松子仁、起司粉即成。

tips
1. 青醬本身就有鹹味，可以不用再加鹽調味，以免太鹹。
2. 青醬除了做燉飯外，也可做成青醬義大利麵、搭配法國麵包，變換不同吃法，享受更多種料理風味。

青醬松子炒飯

青醬與松子的神級搭配，
讓簡單的炒飯料理風味大不同。

Part3
異 國 風 味

材 料
白飯4碗、青醬1大匙、炸松子仁2大匙

調 味 料
鹽少許

做法

1 青醬做法參照p.110。

2 鍋燒熱，倒入4大匙油，先放入白飯、青醬拌炒均勻，加入少許鹽調味。

3 起鍋前，撒入炸松子仁即成。

✈tips
也可以加入洋蔥丁、三色蔬菜丁或雞肉丁等一起炒，製作豐盛的炒飯，兼具美味與營養，當作便當主食也很適合。

日式鰻魚飯

最受歡迎的日式飯料理，
夏天來一碗補充體力、精神好。

Part3
異 國 風 味

材料
白飯1 1/2碗、真空
包裝冷凍蒲燒鰻
1/2條、熟白芝麻1
小匙

調味料
蒲燒鰻醬汁少許

做法

1 將冷凍蒲燒鰻切成片狀。

2 將白飯盛入容器內，鋪上蒲燒鰻片，放入蒸鍋中數分
鐘加熱。

3 淋入少許蒲燒鰻醬汁，撒上熟白芝麻即成。

tips

也可以在家製作蒲燒鰻，材料和做法如下：
1. 準備殺好且去掉大骨的淡水鰻魚1條，以及醬油膏4大
匙、糖1大匙、熟白芝麻少許。
2. 先將鰻魚放入蒸籠，蒸約30分鐘至軟。取出鰻魚塗抹
醬油，放入烤箱烤約8分鐘，中間反覆塗抹醬料，使
其入味。
3. 出爐前，再撒上熟白芝麻即成。

鮭魚炊飯

鮭魚茶泡飯

鮭魚炊飯

加入豐盛的配料和鮭魚炊煮，
米飯散發香氣，風味更佳。

Part3
異 國 風 味

材料

白米3杯、海帶1小
段、鮭魚2片、白
果1/2碗、罐頭甜栗
子1/2碗、芥菜心2
片、芹菜末1大匙

調味料

（1）鹽1小匙
（2）鹽1小匙、鰹
魚粉1小匙

做法

1 白米洗淨，瀝乾水分，加入23/4杯水、海帶，浸泡約
30分鐘。

2 鮭魚抹上調味料（1），放入烤箱烤約8分鐘，取出
去除鮭魚的大刺。

3 栗子切半；芥菜心切碎末。

4 將鮭魚、栗子、白果和調味料（2）放在做法**1**的白
米上，移入電子鍋中煮熟。

5 趁熱取出鮭魚、海帶，加入芥菜末和白飯，充分攪
拌均勻。

6 將做法**5**盛入碗中，放入剝小塊的鮭魚，撒上芹菜末
即成。

tips

想要製作好吃的炊飯，要注意淘米不要超過2次，動作輕
柔，以免搓掉太多營養成分。此外，飯煮好後要續燜10
分鐘，使蒸氣完全滲透米心，飯粒才會香Q且有彈性。

難易度 ★☆☆

鮭魚茶泡飯

鮭魚是秋日的美味，

當作早餐、宵夜，都令人感到滿足。

材料
白飯1碗、鮭魚鬆1
大匙、海苔香鬆1
大匙、熟白芝麻少
許、熱茶500c.c.

調味料
鹽少許、山葵少許

做法

1 將白飯盛入一個中碗內，鋪上鮭魚鬆、海苔香鬆。

2 白飯中沖入滾燙的熱茶，加入調味料。

3 最後撒上熟白芝麻，即可趁熱攪拌食用。

tips
1. 也可將鹹鮭魚煎熟後，剝成碎片，代替鮭魚鬆。
2. 茶不限定烏龍茶或綠茶，只要是平時喝慣的茶，都
   可以用來製作這道料理。

難易度 ★☆☆

明太子炒飯

鹹香的辣味魚卵最能引起食慾，
搭配米飯、義大利麵和麵包都ok！

Part3
異 國 風 味

材料
白飯1碗、鱈魚卵1大匙、蛋1顆、蔥10克

調味料
雞粉1大匙

做法

1 蛋打散；蔥切成蔥花。

2 鍋燒熱，倒入3大匙油，先倒入蛋液煎至
快凝固，放入白飯炒鬆。

3 加入鱈魚卵、雞粉拌炒均勻。

4 起鍋前，撒入蔥花即成。

✐ tips
1. 鱈魚卵本身就有鹹味，因此可不加鹽調
   味，以免太鹹。
2. 明太子是指鱈魚卵，一般日系百貨公司的
   超市中就可買到，必須以冷藏保存，並且
   盡早食用完畢。

生魚片丼飯

新鮮的生魚片口口都是美味，
芳香的油脂讓海鮮控欲罷不能。

Part3
異 國 風 味

材料
熱白飯1大碗、鮪
魚片適量、鮭魚
片適量、旗魚片適
量、海苔絲1小匙

調味料
糖1大匙、白醋1小
匙、山葵1小匙、日
式柴魚醬油2大匙

做法

1 將熱白飯加入糖、白醋混合拌勻，即成壽司飯。

2 將壽司飯裝入一個中碗內，排入生魚片，中間擺上
山葵。

3 撒些海苔絲，淋入柴魚醬油即成。

tips
可依個人喜好的風味，換成鯛魚片、鰹魚片和海鱺片等
生魚片，但應盡快食用完畢。

鮪魚蔥花飯

Part3
異國風味

鮭魚山藥泥飯

鮪魚蔥花飯

新鮮的鮪魚泥肉質綿密，
加入蔥花，輕鬆在家享受日式美食。

材料
白飯1碗、鮪魚75克、青蔥30克、海苔絲1大匙

調味料
日式柴魚醬油2大匙

做法

1 鮪魚肉剁成泥狀；青蔥切成蔥花。

2 將白飯盛入中碗內，放入鮪魚泥、蔥花。

3 撒些海苔絲，然後淋上柴魚醬油即成。

鮭魚山藥泥飯

口感黏稠的山藥泥拌飯風味獨特，
搭配生魚片食用更下飯。

材料
白飯1碗、鮭魚數片、山藥1小段、海苔香鬆1小匙

調味料
山葵1/2小匙、日式柴魚醬油3小匙

做法

1 山藥削除外皮，磨成泥狀。

2 將白飯盛入中碗內，放入鮭魚片、山藥泥，中間擺上山葵。

3 撒上海苔香鬆，淋上柴魚醬油，即可趁熱拌食。

泰式酸辣海鮮燴飯

酸爽香辣的清新滋味，
炎夏最開胃的飯料理。

Part3
異國風味

材料
白飯1 1/2碗、蝦仁
75克、透抽75克、
蘭花蚌75克、蟹腿
肉75克、月桂葉2
片、甜豆數片

調味料
泰國酸辣醬2大匙、
水3大匙、太白粉1
小匙

做法

1 透抽切成圓圈狀；蝦仁背部劃一刀紋，抽去腸泥，洗淨瀝乾水分。

2 蝦仁、透抽、蘭花蚌和蟹腿肉，加入些許酒一起醃拌；甜豆摘去硬筋。

3 鍋燒熱，倒入2大匙油，先放入蝦仁、透抽、蘭花蚌和蟹腿肉稍微拌炒，續入泰國酸辣醬、月桂葉和1 1/2杯水煮滾，加入四季豆段稍煮一下，倒入太白粉水勾薄芡，即成海鮮餡料。

4 將白飯盛入盤中，倒入適量做法**3**的海鮮餡料即成。

tips

1. 泰國酸辣醬又名冬炎醬，在超市即可購得。此外，泰國酸辣醬中酸、鹹、辣味都已經調配好，烹調時不需另外調味。

2. 這道菜中若不勾芡，即可做成泰式酸辣海鮮湯。

西班牙海鮮飯

滿滿的海鮮配料，
老饕們都讚不絕口的西班牙國民美食！

Part3
異 國 風 味

材料

長香米2杯、孔雀貝75克、透抽75克、蝦子75克、蘭花蚌75克、雞肉75克、三色甜椒各少許、番紅花粉1小匙、蒜末1大匙、洋蔥丁2大匙、奶油3大匙、太白粉1/2小匙

調味料

酒1大匙、鹽1小匙、胡椒粉少許、高湯2杯

做法

1 透抽切成圓圈狀；三色甜椒分別切成長條狀。

2 蝦子摘去頭部，洗淨後抽去腸泥。

3 雞肉切片，加入2大匙水、1/2小匙太白粉稍微拌醃。

4 平底鍋燒熱，加入3大匙奶油，先加入蒜末、洋蔥丁以小火炒香，沿鍋邊淋入酒，續入拌醃好的雞肉片炒熟，加入香米稍微拌炒。

5 加入番紅花粉、海鮮材料、甜椒，倒入調味料煮滾，改小火蓋上鍋蓋，燜煮約20分鐘至米飯熟透即成。

tips

1. 紅遍各地的西班牙海鮮燴飯有許多版本，烹調器具多用燉飯鍋（Paella），這裡則是以一般家庭都有的平底鍋製作。

2. 可以將市售的海鮮高湯塊加入水，製成簡易的海鮮高湯，做法最簡單。

蝦仁奶焗飯

椰香雞肉飯

蝦仁奶焗飯

香滑濃稠的起司風味焗烤飯，
大人、小孩的接受度都極高。

Part3
異 國 風 味

材料
白飯1碗、蝦仁115
克、洋菇2粒、青
豆1大匙、起司粉1
大匙

奶油糊
奶油3大匙、麵粉3
大匙、鹽1小匙、
胡椒粉少許、奶水
1/2杯、高湯2杯

做法

1 蝦仁抽去腸泥，洗淨擦乾水分；洋菇切片；青豆放入滾水燙熟。

2 鍋燒熱，倒入3大匙油，先放入洋菇片、蝦仁稍微拌炒，加入白飯、青豆拌勻，即成餡料。

3 鍋燒熱，加入3大匙奶油融化，倒入麵粉，以小火炒至沒有粉粒，再加入鹽、胡椒粉、奶水和高湯，邊煮邊攪拌成糊狀，即成奶油糊，取1/2碗備用。

4 將奶油糊與餡料混合，裝入焗烤盤中，蓋上1/2碗奶油糊，撒上起司粉，放入預熱好的烤箱，以200℃烤約25分鐘，至表面金黃即成。

tips
1. 做法**3**炒奶油糊時，要用小火炒，以免奶油燒焦。
2. 可以買市售的高湯塊，加入水，製成簡易的高湯。

椰香雞肉飯

在家品嘗南洋風味飯料理，
彷彿置身日日天晴的東南亞。

材料
圓糯米2杯、椰醬
1罐、班蘭葉2片、
熟雞肉絲1碗、蒜
末1大匙、紅蔥頭
末1大匙、香蕉葉
數片

調味料
沙薑粉1/2小匙、
鹽1小匙、糖/2小匙

做法

1 糯米洗淨，加入水，泡約1個小時，瀝乾水分。

2 取一個容器，倒入瀝乾的糯米，加入椰醬（不要蓋
過糯米）、班蘭葉，加入些許鹽，放入蒸鍋中蒸
熟，即成椰香飯。

3 鍋燒熱，倒入3大匙油，先放入蒜末、紅蔥頭末以小
火炒香，續入雞肉絲、調味料拌勻，即成餡料。

4 取適量椰香飯揉成橢圓形，包入少許餡料，再以香
蕉葉包裹即成。

tips

1. 沙薑又稱三奈、山辣，外型如乾薑，味辛，多用於
烹調南洋料理，市面常見磨成粉的商品。

2. 椰漿、班蘭葉、香蕉葉可在販售東南亞食材的商店
購買。

義式雞肉飯

滿滿蔬菜與香酥雞腿肉，
搭配蕃茄奶油風味米飯是絕配。

Part3
異國風味

材料

白米3杯、去骨雞腿1隻、洋蔥1個、培根3片、綠豆仁3大匙、洋菇4粒、奶油2大匙

調味料

（1）鹽1/2小匙、胡椒粉少許
（2）鹽1小匙、雞粉1小匙、蕃茄醬4大匙

做法

1 白米洗淨瀝乾，加入2 3/4杯水，浸泡約30分鐘。

2 雞腿切大丁，加入調味料（1）拌醃約10分鐘。

3 洋蔥、培根切絲；洋菇切片；綠豆仁洗淨，瀝乾水分。

4 平底鍋燒熱，加入奶油以小火融化，雞皮朝下放入雞腿，以小火煎黃，取出。

5 立刻加入洋蔥絲、培根，以餘油炒香，放入洋菇片、綠豆仁稍微拌炒，再加入雞腿肉、調味料（2）拌勻，即成餡料。

6 將餡料倒入做法**1**的白米上，移入電子鍋中煮熟，趁熱輕輕拌勻，挑鬆米飯和配料即成。

tips

雞皮朝下放可煎出油脂，並且使雞皮更加香酥可口。

海南雞飯

軟嫩雞肉搭配特調魚露醬，
簡單就能享用馳名東南亞的料理。

Part3
異 國 風 味

材料
白米3杯、去骨雞腿2隻、蔥1支、白蘿蔔絲1/2杯、胡蘿蔔絲1/2杯、小黃瓜絲1/2杯、蒜末1大匙、紅蔥頭細末1大匙

調味料
鹽1小匙、糖1大匙、白醋2大匙

沾醬
魚露2大匙、檸檬汁1大匙、糖1大匙、薑末1/2小匙、蒜末1/2小匙、辣椒末1/2小匙

做法

1 蔥切段；白米洗淨，泡水約30分鐘，瀝乾水分。

2 白蘿蔔絲、胡蘿蔔絲、小黃瓜絲，以調味料拌醃至入味，即成配菜。

3 鍋中加水煮滾，放入蔥段、雞腿，以中火煮約20分鐘，撈出雞腿，等微涼後切塊。煮雞腿的湯先不要倒掉。

4 鍋燒熱，倒入3大匙油，先放入蒜末、紅蔥頭末，以小火炒香，續入白米稍微拌炒，加入23/4杯煮雞腿的湯拌勻，倒入電子鍋中煮熟。

5 趁熱挑鬆米飯，盛入盤中，放入雞腿塊、配菜，雞腿塊可搭配沾醬食用。

✈tips
加入做法3煮雞腿的湯煮出來的米飯，鮮甜可口，再搭配軟嫩的雞腿肉，就是幸福的滋味。

榴槤飯

Part3

異國風味

可可飯

榴槤飯

以水果之王入菜，
享用百變榴槤料理！

材料
椰香飯1 1/2碗、榴蓮（帶子）1
片、椰漿1杯、水1/杯、椰絲適量

做法

1 椰香飯做法參照p.133。

2 將榴蓮、椰漿和水倒入鍋中，以
小火煮至稠糊狀。

3 將椰香飯盛入圓模型中，倒扣於
盤中，淋上榴蓮糊，最後撒上椰
絲即成。

可可飯

搭配綜合堅果一起享用，
提升口感且口齒留香。

材料
白米2杯、水1杯、鮮奶3/4杯、可
可粉2大匙、松子仁2大匙、核桃2
大匙、腰果2大匙

調味料
鹽1/2小匙、砂糖1 1/2匙

做法

1 白米洗淨，瀝乾水分，加入
水、鮮奶，浸泡約30分鐘。

2 將可可粉、松子仁、核桃、腰
果和調味料拌勻，倒入做法**1**
的白米上，移入電子鍋中煮熟
即成。

親子丼

滑嫩的雞肉與雞蛋，
是親子丼美味的關鍵。

Part3
異國風味

材料
白飯1 1/2碗、雞胸柳150克、洋蔥1個、
蛋1顆、熟白芝麻1小匙

調味料
（1）酒1大匙、水4大匙、太白粉1/2小
匙、鹽少許
（2）日式柴魚醬油4大匙、味醂2大匙

做法
1 雞胸柳切成片狀，加入調味料（1）
拌勻；洋蔥切絲。

2 鍋燒熱，倒入4大匙油，先放入雞肉
片炒熟、洋蔥絲炒軟，續入調味料
（2）拌勻，打入蛋，蓋上鍋蓋燜一
下，待蛋白凝固、蛋黃尚嫩滑時熄
火，即完成餡料。

3 將白飯盛入大碗中，倒入適量的餡
料，最後撒些熟白芝麻即成。

✐tips
1. 親子丼源自日本明治年間，歷史悠
　久，是所有蓋飯的始祖。
2. 親子丼的主材料是「雞肉（親，指父
　母）」和「雞蛋（子，指孩子）」，
　加上煮成蛋汁半熟的滑潤口感的丼料
　理（丼，指蓋飯），因此稱為親子丼。

豬排蓋飯

韓國泡菜豬肉蓋飯

難易度 ★★☆

豬排蓋飯

日式定食店最受歡迎的招牌飯，
炸得香酥的豬排令人胃口大開。

**Part3
異國風味**

材料

豬大里肌肉2片、
洋蔥1/2個、蔥1
支、蛋1顆、白飯
1碗

湯汁

（1）酒2大匙、醬
油2大匙、味醂2大
匙

（2）鹽少許、胡
椒粉少許、麵粉2
大匙、蛋液1顆分
量、麵包粉4大匙

做法

1 豬大里肌片以鹽、胡椒粉醃約10分鐘，使其入味。

2 將醃至入味的豬大里肌片，依序沾上一層麵粉、蛋
液、麵包粉，放入七分熱（160℃）的油鍋中炸至金
黃，取出，切成粗條備用。

3 洋蔥、蔥切絲；蛋打散。

4 將調味料（1）倒入小鍋中煮滾約2分鐘，放入洋蔥
絲煮軟，續入炸好的豬排，淋入打散的蛋液，蓋上鍋
蓋燜片刻，立刻熄火。

5 將白飯盛入大碗內，倒入做法4的料，撒上蔥絲即
成。

✎tips

1. 豬里肌肉片先以刀劃斷筋，能防止下鍋油炸時，肉
片捲縮。

2. 160℃的油溫，是指油加熱至鍋子邊緣出現油泡泡，
或是將麵糊丟入油鍋中，麵糊還未沉入鍋底，便已
浮起的狀態。

難易度 ★☆☆

韓國泡菜豬肉蓋飯

豐富的配料吃得飽且營養，
韓式口味的蓋飯立刻上桌！

材料

白飯2碗、梅花肉150克、泡菜1/2碗、洋蔥1/2個、蛋1顆、胡蘿蔔絲2大匙

調味料

（1）鹽少許、胡椒粉少許、水3大匙、太白粉1小匙
（2）雞粉1大匙、鹽少許

做法

1 梅花肉切絲，加入調味料（1）稍微拌醃；洋蔥切絲。

2 鍋燒熱，倒入4大匙油，先入肉絲至八分熟，取出。

3 立刻加入洋蔥絲、胡蘿蔔絲，以餘油炒至變軟，放入泡菜、肉絲和調味料（2）拌勻，將蛋打入鍋中，等蛋液快凝固時即可起鍋。

4 將白飯裝入大盤或中碗內，盛入適量的做法**3**即成。

✈tips

韓式泡菜大多有辣或鹹，調味時需特別留意鹽的用量。

義式豬肉蘋果飯

混合起司與咖哩風味，
喜愛異國風料理的人必嘗。

Part3
異國風味

材料

白米3杯、梅花肉225克、洋蔥丁1/2
碗、蘋果丁1/2碗、葡萄乾2大匙、奶油
2大匙

調味料

（1）鹽1/2小匙、胡椒粉少許、水2大
匙、太白粉1小匙
（2）鹽1大匙、咖哩粉1大匙、雞粉1大
匙、起司粉2大匙

做法

1 白米洗淨，瀝乾水分，加入23/4杯水，
浸泡約30分鐘。

2 梅花肉切大丁，加入調味料（1）稍微
拌醃。

3 平底鍋燒熱，倒入奶油以小火融化，
先放入洋蔥丁炒香，續入肉丁炒熟，
再加入蘋果丁稍微拌炒，倒入調味料
（2）拌勻，即成餡料。

4 將葡萄乾加入餡料內拌勻，倒入做法1
的白米上，移入電子鍋中煮熟，趁熱
挑鬆米飯和配料。

5 將米飯和配料盛入碗中，撒上少許起
司粉即成。

tips
加入洋蔥、蛋一起烹調，
可增加食材的甘甜味和香
氣，使料理風味更具層次。

難易度 ★☆☆

日式燒肉飯

飯桌上陣陣濃郁的燒肉香，
搭配一杯啤酒更清爽。

Part3
異國風味

材料
白飯1 1/2碗、火鍋
豬肉片1/2盒、洋
蔥1個、熟白芝麻1
小匙

調味料
日式柴魚醬油4大
匙、味醂2大匙

做法

1 洋蔥切絲。

2 平底鍋燒熱，倒入3大匙油，先放入洋蔥絲炒軟，續
入豬肉片炒熟，加入調味料充分拌勻，起鍋前撒入
熟白芝麻，即成燒肉餡料。

3 將白飯盛於中碗，淋入適量燒肉餡料即成。

tips
這是一道做法快速簡易、經濟又實惠的懶人燒肉飯，火
鍋豬肉片可改成牛肉片或羊肉片。

印度豆子飯

以豆類食材和辛香料為主角，
入口即化的口感，品嘗印度的家常料理。

Part3
異國風味

材料

白飯1 1/2碗、綠豆仁225克、絞肉115克、薑末2大匙、蒜末2大匙、辣椒末2大匙

調味料

咖哩粉2大匙、水1,000c.c、鹽1小匙、雞粉1小匙

做法

1 綠豆仁洗淨，泡水約1小時，瀝乾水分。

2 鍋燒熱，倒入4大匙油，先放入薑末、蒜末和辣椒末，以小火炒香，續入絞肉炒熟，加入綠豆仁、咖哩粉稍微拌炒，倒入水煮滾。

3 改小火煮至綠豆仁軟爛成糊狀，加入鹽、雞粉調味，即成豆子湯。

4 將白飯盛入盤中，加入適量豆子湯即可拌食。

tips

1. 豆子（Dal）飯，是印度人幾乎每天都會食用的菜餚。

2. 也可以改用黑豆，將豆子湯淋在飯上或以印度烤餅（Naan）沾食，都很美味。

難易度 ★★☆

藏式咖哩牛肉飯

有別於日式、東南亞的咖哩料理,
獨特辣味,重口味老饕必食!

Part3
異國風味

材料
白飯1 1/2碗、牛肋
條1,200克、馬鈴
薯2個、洋蔥末1/2
碗、薑末3大匙、
蒜末3大匙、辣椒
末3大匙

調味料
咖哩粉3大匙、鹽
1小匙、雞粉1小
匙、太白粉1大
匙、水3大匙

做法

1 牛肋條切塊,放入滾水中汆燙,撈出洗淨,瀝乾水分。

2 馬鈴薯去皮,切成滾刀塊。

3 鍋燒熱,倒入5大匙油,先放入洋蔥末、薑末、蒜末
和辣椒末,以小火炒香,續入牛肋塊、咖哩粉稍微拌
炒,加入3,000c.c.水煮滾,改中小火燜煮約50分鐘。

4 加入馬鈴薯塊翻拌,繼續燜煮約20分鐘至牛肋塊軟
爛,加入鹽、雞粉調味,以太白粉水勾薄芡,即成
咖哩牛肉。

5 將白飯盛入盤中,加入適量的咖哩牛肉即成。

tips
這道藏式咖哩牛肉,咖哩和辛香料很重,味道辛辣有
勁,是嚴寒地區藏胞開胃保暖的菜餚。

簡單吃飯

用心烹煮，飽食暖心，享受一碗飯的幸福！

攝影｜徐博宇・林宗億

美術｜鄭雅惠

編輯｜彭文怡

校對｜翔縈

企劃統籌｜李橘

總編輯｜莫少閎

出版者｜朱雀文化事業有限公司

地址｜台北市基隆路二段13-1號3樓

電話｜02-2345-3868

傳真｜02-2345-3828

劃撥帳號｜19234566 朱雀文化事業有限公司

e-mail｜redbook@ms26.hinet.net

網址｜http://redbook.com.tw

總經銷｜大和書報圖書股份有限公司 02-8990-2588

ISBN｜978-986-06659-2-5

初版一刷｜2021.07

定價｜320元

出版登記｜北市業字第1403號

簡單吃飯：用心烹煮，飽食暖心，享受一碗飯的幸福！／林美慧著初版.台北市：朱雀文化，2021.07
面：公分（Cook50：209）
ISBN 978-986-06659-2-5（平裝）
1.食譜 2.中國
427.1

About買書：

●實體書店：北中南各書店及誠品、金石堂、何嘉仁等連鎖書店均有販售。建議直接以書名或作者名，請書店店員幫忙尋找書籍及訂購。

●●網路購書：至朱雀文化網站購書可享85折起優惠，博客來、讀冊、PCHOME、MOMO、誠品、金石堂等網路平台亦均有販售。

●●●郵局劃撥：請至郵局窗口辦理（戶名：朱雀文化事業有限公司，帳號：19234566），掛號寄書不加郵資，4 本以下無折扣，5～ 9本 95 折，10本以上 9折優惠。